四川省工程建设地方标准

四川省城乡绿道规划设计标准

Standard for planning and design of urban and rural greenway in Sichuan Province

DBJ51/T 097 – 2018

主编部门： 四 川 省 住 房 和 城 乡 建 设 厅
批准部门： 四 川 省 住 房 和 城 乡 建 设 厅
施行日期： 2 0 1 8 年 1 0 月 1 日

西南交通大学出版社

2018 成 都

图书在版编目（CIP）数据

四川省城乡绿道规划设计标准/中国建筑西南设计研究院有限公司主编. —成都：西南交通大学出版社，2018.8
（四川省工程建设地方标准）
ISBN 978-7-5643-6347-5

Ⅰ. ①四… Ⅱ. ①中… Ⅲ. ①道路绿化－绿化规划－城乡规划－设计标准－四川 Ⅳ. ①TU985.18-65

中国版本图书馆 CIP 数据核字（2018）第 190004 号

四川省工程建设地方标准

四川省城乡绿道规划设计标准

主编单位 中国建筑西南设计研究院有限公司

责任编辑	姜锡伟
封面设计	原谋书装
出版发行	西南交通大学出版社 （四川省成都市二环路北一段 111 号 西南交通大学创新大厦 21 楼）
发行部电话	028-87600564　028-87600533
邮政编码	610031
网　　址	http://www.xnjdcbs.com
印　　刷	成都蜀通印务有限责任公司
成品尺寸	140 mm×203 mm
印　　张	2.375
字　　数	56 千
版　　次	2018 年 8 月第 1 版
印　　次	2018 年 8 月第 1 次
书　　号	ISBN 978-7-5643-6347-5
定　　价	26.00 元

各地新华书店、建筑书店经销
图书如有印装质量问题　本社负责退换

关于发布工程建设地方标准《四川省城乡绿道规划设计标准》的通知

川建标发〔2018〕525 号

各市州及扩权试点县住房城乡建设行政主管部门，各有关单位：

由中国建筑西南设计研究院有限公司主编的《四川省城乡绿道规划设计标准》，已经我厅组织专家审查通过，现批准为四川省推荐性工程建设地方标准，编号为：DBJ51/T 097－2018，自 2018 年 10 月 1 日起在全省实施。

该标准由四川省住房和城乡建设厅负责管理，中国建筑西南设计研究院有限公司负责技术内容解释。

四川省住房和城乡建设厅

2018 年 6 月 22 日

前 言

本标准是根据四川省住房和城乡建设厅《关于下达工程建设地方标准〈四川省城乡绿道规划设计规范〉编制计划的通知》(川建标发〔2017〕68 号)，由中国建筑西南设计研究院有限公司会同有关单位共同编制完成的。

编制组遵循“统一性、协调性、适用性、一致性、规范性”的原则，结合我省城乡绿道规划设计现状，经深入调查研究，认真总结实践经验，参考国内外相关标准，并在广泛征求意见的基础上，制定本标准。

本标准由 9 章及 1 个附录构成。其主要技术内容包括：总则、术语、绿道规划设计原则、绿道功能与组成、绿道分类与分级、绿道选线、绿道要素规划设计、绿道命名及里程编制、低影响开发应用。

本标准由四川省住房和城乡建设厅负责管理，中国建筑西南设计研究院有限公司负责技术内容解释。执行过程中如有意见或建议，请寄送中国建筑西南设计研究院有限公司（地址：成都市高新区天府大道北段 866 号；邮编：610042；电话：028-62551058；电子邮箱：xnyjg@vip.163.com）。

主 编 单 位： 中国建筑西南设计研究院有限公司

参 编 单 位： 成都市市政工程设计研究院

四川靓固科技集团有限公司

主要起草人： 郑小明　张　静　程　锐　曹冠宇
王喆樯　王官琪　谭　春　黄振华
黄　昊　陈宏宇　钟　翔　王　珏
段　瑜　李　谦
主要审查人： 傅　娅　马　超　阮　晨　王　胤
许　敬　张　磊　张　唯

目　次

Contents

1 总 则

1.0.1 为适应四川省城乡绿道规划建设需求，指导全省绿道规划设计，系统构建全省绿道系统，塑造四川城乡绿道特色，确保绿道规划建设主体、绿道规划建设管理有关部门和规划设计单位在开展绿道规划设计建设时，准确理解和运用规划设计理念、原则和方法，把握规划建设要点，保障绿道规划设计和建设管理水平，特制定本标准。

1.0.2 本标准适用于四川省城乡绿道的规划设计。各地应按照“绿色安全、系统建构；分级分类、分期实施；因地制宜、彰显特色”的指导思想，根据本地实际情况予以执行和运用，提高规划设计质量。

1.0.3 四川省城乡绿道规划设计除应符合本标准要求外，尚应符合国家、四川省现行有关法律法规、标准规范的规定。

2 术　语

2.0.1 绿道 greenway

以自然要素为基础，串联自然人文景观和城乡公共空间，内设游径和配套设施，兼具生态、游憩、出行、旅游、教育（科普）等功能的线性绿色开敞空间。

2.0.2 绿道植被带 greenway vegetation belt

绿道空间沿线应划定一定范围作为绿道植被带，并与各类城乡规划的绿线控制要求相衔接。绿道植被带是保障绿道的基本生态功能、营造良好的景观环境、维护各项设施正常运转的生态和景观基底。

2.0.3 绿道游径系统　greenway trails system

绿道空间中供人们步行、自行车骑行的道路系统，是绿道的基本组成要素。包括步行道、自行车道与步行骑行综合道。

2.0.4 绿道连接线 greenway link line

主要承担连通功能，且对人们步行或自行车骑行有交通安全保障的绿道短途借道线路。包括借用的非干线公路、非主干路的城市道路、人行道路、人行天桥等。

2.0.5 绿道设施　greenway facilities

为满足绿道综合功能而设置的配套设施，包括服务设施、市政设施、标识设施及其他设施。

2.0.6 绿道节点　greenway nodes

绿道沿线结合城乡各类资源要素，间隔一定距离重点打造的具有一定规模和集中服务功能的公共活动场所空间。

2.0.7 驿站 waystation

供绿道使用者途中休憩、交通换乘、游览体验的建筑物及其附属设施，是绿道服务设施的主要载体。

3 绿道规划设计原则

3.0.1 绿道规划设计应符合安全性原则。通过完善绿道空间中的安全保障、警示标识、呼救应急等与使用者人身安全密切相关的配套设施，充分保障使用者的安全。

3.0.2 绿道规划设计应符合生态性原则。尊重生态基底，尽量减少对自然原生环境的干扰和影响。鼓励通过绿道有机连接分散的生态斑块，并构建连通城乡的生态网络体系。建设中应尽量采用绿色低碳、节能环保的技术和材料。

3.0.3 绿道规划设计应符合人性化原则。以满足休闲健身和绿色出行需求为重点，以人为本、配套完善，保证城乡居民安全、便捷、舒适使用。

3.0.4 绿道规划设计应符合系统性原则。统筹考虑城乡发展，衔接相关规划，整合区域内各种自然、人文资源，系统布局绿道线路及各类配套设施，加强城乡联系，发挥综合功能。

3.0.5 绿道规划设计应符合协调性原则。紧密结合各地实际条件和经济社会发展现况，与周边环境相融合，与各类相关工程相协调。

3.0.6 绿道规划设计应符合特色性原则。结合不同的地域资源与环境特征，充分展现四川省绿道系统的自然特色及人文底蕴。

3.0.7 绿道规划设计应符合经济性原则。集约节约利用土地，合理利用现有设施，避免大拆大建，降低建设与维护成本。

4 绿道功能与组成

4.0.1 绿道应具有生态保护、游憩健身、绿色交通、旅游休闲、避难疏散、教育科普等功能。

4.0.2 绿道应由游径系统、绿道植被带、节点和驿站系统、设施系统组成，并符合表 4.0.2 的规定。

表 4.0.2 城乡绿道组成

<table>
<tr><th>系 统</th><th colspan="2">要 素</th></tr>
<tr><td rowspan="5">游径系统</td><td colspan="2">步行道</td></tr>
<tr><td colspan="2">自行车道</td></tr>
<tr><td colspan="2">步行骑行综合道</td></tr>
<tr><td colspan="2">绿道连接线</td></tr>
<tr><td colspan="2">交通接驳点</td></tr>
<tr><td>绿道植被带</td><td colspan="2"></td></tr>
<tr><td rowspan="7">节点和驿站系统</td><td rowspan="4">节点</td><td>一级节点</td></tr>
<tr><td>二级节点</td></tr>
<tr><td>三级节点</td></tr>
<tr><td>四级节点</td></tr>
<tr><td rowspan="3">驿站</td><td>一级驿站</td></tr>
<tr><td>二级驿站</td></tr>
<tr><td>三级驿站</td></tr>
</table>

续表

系　统	要　素	
设施系统（分布于上述三个系统中）	服务设施	管理服务设施
		配套商业设施
		游憩健身设施
		科普教育设施
	市政设施	停车设施
		安全保障设施
		环境卫生设施
		无障碍服务设施
		环境照明设施
		电力电信设施
		给排水设施
	标识设施	指示标识
		解说标识
		警示标识
	其他设施	

5 绿道分类与分级

5.1 绿道分类

5.1.1 绿道应根据所处环境空间区位不同分为城镇型绿道和郊野型绿道两个类别。

5.1.2 城镇型绿道指建设在城镇规划建设用地范围内，依托现状和规划的道路、绿地以及其他公共开敞空间设立，供使用者户外游憩、休闲健身、交通出行等的绿道，其廊道空间控制宽度不宜小于 20 m。

5.1.3 郊野型绿道指建设在城镇规划建设用地范围外，依托城镇建成区外围农业地区以及自然和人文资源等设立，连接乡村聚落、风景名胜区、农业观光区及历史文化名镇名村等的绿道，其廊道空间控制宽度不宜小于 40 m。

5.2 绿道分级

5.2.1 绿道应根据质量标准、建设规模和配套功能等分为一级绿道、二级绿道和三级绿道。

5.2.2 一级绿道应是容量较大、配套齐全、建设标准高、能充分发挥绿道各项功能的骨架干线型城乡绿道。

5.2.3 二级绿道应是具有中等容量、配套比较齐全、建设标准较高、能较为充分地发挥绿道各项功能的支线型城乡绿道。

5.2.4 三级绿道应是容量较小、具有必要配套、建设标准一般、能基本发挥绿道各项功能的简便型城乡绿道。

6 绿道选线

6.1 基本要求

6.1.1 绿道的选线应充分结合前期调研分析和现场勘察，整理已有信息资料，形成完善的指导依据。

6.1.2 绿道的选线应结合相关规划进行，应对用地情况尚不明确的区域进行避让，应节约用地，优先利用现有人工道路。

6.1.3 绿道的选线宜在有条件时呈网状连通，可利用绿道连接线加强绿道之间的连通性。

6.1.4 绿道的选线应尽可能联系沿线的各级城乡居住点与公共空间。对于沿线区域内留存的历史遗迹遗址，应在做好充分保护的前提下合理利用。绿道对所联系城乡资源要素的衔接应符合表6.1.4 的规定。

表 6.1.4 绿道联系城乡资源要素的衔接要求

要素分类	要素内容	衔接联系要求
城乡居住点	城镇居住区、乡村居民点、高等院校园区	结合居住区慢行系统，尽量衔接联系居住区内集中绿地及配套服务设施，保证绿道网络贯通连续
公共空间	公共设施用地空间，如文化体育区、商业区、公园绿地、广场等	保证慢行系统连续，机动车、公交等交通方式衔接顺畅，优先连接市民使用频率较高的公共空间

续表

要素分类	要素内容	衔接联系要求
自然景观	国家公园、风景名胜区、自然保护区、旅游度假区、水库和湖泊湿地、森林公园、地质公园、湿地公园、郊野公园、观光农业园等	应尽量利用现状游步道，并与已有服务设施相衔接。遵循生态影响最小的原则，避开生态敏感区，减少对野生动植物生境的干扰
历史文化景观	历史文化名镇（村）、传统村落、历史文化街区、历史建筑集中区域、历史文化遗迹、重点文物保护单位、历史建筑等	应尽量利用已有的慢行道及设施，注重保护和修复历史文化资源及其环境，并便于参观游览

6.1.5 绿道选线应结合城镇常规公共交通、中长途客运交通、轨道交通等的站场分布情况进行。

6.1.6 绿道的选线应在收集有关区域的用地性质调查、地形地貌测绘、地质勘查、水文调查、气象调查及动植物资源调查等相关资料的基础上进行。绿道的选线应避让重要市政设施用地、军事用地、风险性较高的用地、地质条件不良的区域以及其他需要避让的用地和区域。

6.1.7 绿道不应与高速公路、一级公路、城市快速路、轨道交通线路等频繁相交。在必须相交时，应采取专属立体交通组织方式，避免平交。

6.1.8 一级或二级绿道的选线宜根据实际情况达到承担相关体育项目赛事的技术要求。

6.1.9 绿道的选线应结合可依托区域的长度、可达性、建设条件等场地环境因素，对绿道选线进行多方案比较，选定最适宜的线路走向。

6.2 分类选线

6.2.1 城镇型绿道的选线宜结合城镇空间结构及用地拓展方向，联系城镇各功能组团和人流活动密集的重点区域。

6.2.2 郊野型绿道的选线应避开自然保护区的核心区和缓冲区，以及生态敏感区，并结合标志性野生动物的生活习性及迁徙路线进行布置。

6.2.3 绿道的选线可参照表 6.2.3 进行。

表 6.2.3 绿道分类选线建议表

绿道分类	依托资源	绿道选线
城镇型绿道	道路：现有及规划道路、废弃公路和铁路、线型文化遗产等文化线路	依托路侧绿带，绿道游径宜从路侧绿带中穿过，完善休闲、健身等配套功能
	水系：城镇河流、湖泊、湿地等	绿道宜联系各滨水绿地，促进城镇滨水区环境改善与功能开发，充分利用现状堤坝、桥梁等，在保证排涝、防洪等功能及安全要求的前提下营造亲水空间
	绿地：公园绿地、广场，适宜行人进入的防护绿地，以及城镇建设用地相关的其他绿地等	优先连接公园绿地、广场等公共开敞空间，合理疏导人流，满足安全、集散及衔接需求

续表

绿道分类	依托资源	绿道选线
郊野型绿道	道路：现有及规划道路、废弃路和铁路、景区游道、机耕道、田间小径、专用道等	绿道选线应不影响道路的原有功能，尽量不占、少占耕地
	水系：自然河流、湖泊、水库、湿地等	绿道选线顺应水系走向，在满足排涝、防洪等功能及安全要求的前提下营造亲水空间
	林地等	绿道选线顺应地形地貌，可在不影响道路原有功能前提下，充分利用现有登山径、远足径、森林防火道、巡山道等，减少新建绿道对森林生态系统与自然景观的影响

注：借用其他道路或通道时，宜进行专门的改造。

7 绿道要素规划设计

7.1 绿道游径系统

7.1.1 绿道游径系统应符合下列要求：

1 绿道游径应保证使用者的安全、便利，应结合现状地形地貌、原生植物点位，对游径线形进行合理设计，避免大填大挖、大移大伐。

2 绿道游径应结合所经过地区的现状和规划资源特点进行规划设计。

3 绿道游径应依照不同的绿道类型和等级进行规划设计。

4 绿道游径系统应保证线路连通，当跨越河流、山体、铁路、公路、城市道路等障碍时，可采用绿道连接线的方式保证绿道游径的连通。一级绿道宜全线采用立体交通方式穿越障碍。

5 绿道游径应根据现状情况和使用要求灵活设置步行道、自行车道和步行骑行综合道。郊野型绿道以自行车道为主，宜设置步行骑行综合道。应加强绿道与城乡交通体系的有效衔接，提高绿道的可达性。

6 绿道游径除救灾抢险车辆外，应禁止其他一切中大型机动车辆进入。只允许两轮自行车、轻型电动两轮自行车等非机动车通行。在特殊的区段或地区，可考虑设置可供特定轻型机动车行驶的绿道游径。

7 城镇型绿道的绿道游径在满足坡度、宽度、净空等条件下，应采用无障碍设计。

8 绿道在经过城乡接合部、产业转型区等人口混杂、社会条件相对复杂的区域时，宜确保节点和游径的内外视线联系良好。

9 在经济基础较好、条件适宜的城市中心高密度区域，绿道游径可采用多样化、立体化的方式进行规划设计。

7.1.2 不同类型、等级绿道游径宽度应根据绿道使用频率和建设条件，因地制宜、灵活控制。绿道游径最小宽度应符合表 7.1.2 的规定。

表 7.1.2 绿道游径最小宽度一览表

绿道类型	步行道	自行车道	步行骑行综合道
城镇型绿道	一级绿道不宜小于 3 m； 二级绿道不宜小于 2.5 m； 三级绿道不宜小于 2 m	一级绿道不宜小于 3.5 m； 二级绿道不宜小于 3 m； 三级绿道不宜小于 2.5 m	一级绿道不宜小于 6 m； 二级绿道不宜小于 4.5 m； 三级绿道不宜小于 3.5 m
郊野型绿道	一级绿道不宜小于 2.5 m； 二级绿道不宜小于 2 m； 三级绿道不宜小于 1.5 m	一级绿道不宜小于 3.5 m； 二级绿道不宜小于 3 m； 三级绿道不宜小于 2.5 m	一级绿道不宜小于 5.5 m； 二级绿道不宜小于 4 m； 三级绿道不宜小于 3 m

7.1.3 绿道游径的纵坡宜尽量与现状自然地形相结合，横坡宜坡向植被带，路缘石应高于相邻绿地。针对不同类型的绿道游径，

其坡度的设计应符合表 7.1.3-1 的相关要求。自行车道坡度≥2.5%时，应按表 7.1.3-2 的规定限制坡长。

表 7.1.3–1　绿道游径坡度规划设计要求一览表

绿道游径类型	纵坡坡度	横坡坡度
步行道	大于 8%时，应辅以梯步解决竖向交通	1.5% ~ 3%
自行车道、步行骑行综合道	不宜大于 2.5%，现状条件受限的个别特殊地段可适当加大，但不应大于 8%。坡度过大的区段可设置推行坡道，坡度不应超过 20%	1.5% ~ 3%

表 7.1.3–2　绿道游径坡长规划设计要求一览表

绿道游径类型	纵坡坡度 i	限制坡长
自行车道、步行骑行综合道	$2.5\% \leqslant i < 3\%$	300 m
	$3\% \leqslant i < 3.5\%$	200 m
	$i \geqslant 3.5\%$	150 m

7.1.4　绿道游径铺装、基层、垫层和土基应满足下列要求：

1　绿道游径铺装、基层、垫层，在满足使用强度的基础上，宜优先选用本地化、经济、生态的材料。铺装材料宜透水、防滑，并与周边环境相协调。有条件的地区，可选用新型铺装材料。

2　绿道游径的土基应以场地现有条件为基础，应符合现行行业标准《城市道路工程技术规范》CJJ 37 的有关规定。对不良地质条件下的土基进行改造的，也应符合上述有关规定。

7.1.5　绿道游径应保证其上空开敞，绿道游径的净空不低于 2.5 m。

7.1.6 绿道连接线应符合下列规定：

1 绿道连接线不宜直接借道城镇快速路、主干道，国道、省道等干线公路，宜借道城市次干路、支路，县道、乡道等非干线公路。

2 绿道连接线应有效进行交通组织和功能衔接，设置必要的交安设施并采取适当的交通管理措施。城镇型绿道的连接线还应符合城市道路规划设计建设的有关要求。

3 绿道连接线不宜过长，城镇型绿道单段绿道连接线长度不宜超过 1 km，郊野型绿道单段绿道连接线长度不宜超过 3 km。绿道连接线的累计长度不应超过所在绿道总长度的10%。

4 绿道连接线应保证衔接顺畅，步行道宽度不宜小于 1.5 m；自行车道宽度单向不宜小于 1.5 m，双向不宜小于 3 m；净空不低于 2.5 m。

7.1.7 绿道游径应包括下列安全和隔离设施：

1 绿道游径应设置与机动车道实现有效隔离的设施或标识，包括隔离绿带、隔离墩、护栏和交通标线。

2 隔离绿带宽度不宜小于 1 m。当绿道游径与机动车道隔离宽度小于 1 m 时，应设隔离墩或护栏作安全隔离，其形式应与周边环境相协调。

3 在无法设置隔离绿带、隔离墩、护栏等实体隔离设施的区段，绿道游径与机动车道之间必须设置交通标线，绿道游径与机动车道之间应采用白色实线分隔，禁止机动车压行绿道游径。

4 当设计最低车速为 50 km/h 的机动车道路不具备隔离绿带、隔离墩、护栏等实体隔离设施的设置条件时，绿道游径不得共板设置。

5 在宽度大于 2 m 的绿道游径入口处，应设置车挡。

6 绿道游径与机动车道交汇点的周边区域应避免采用郁闭的植物设计。

7 绿道游径沿线应设置应急出入口通道。应急出入口通道应直达中型以上应急救援车辆可通行和停靠的道路。应急出入口通道的布设间距不宜超过 2.5 km，条件特殊的区段可适当放宽要求。应急出入口通道的宽度不宜小于 2 m。应急出入口通道的坡度宜保持在 5%以下，最大不宜超过 8%。

7.1.8 绿道交通接驳点应符合下列规定：

1 绿道交通接驳点可与附近的绿道节点结合设置。

2 绿道游径不应与高速公路、一级公路、城市快速路直接接驳。

3 绿道交通接驳点应设置必要的设施、设备及标识。

4 绿道交通接驳点的设置应结合场地周边各类交通设施的实际情况。城镇型绿道的交通接驳点可结合城镇道路的走向、城市公共交通和轨道交通站场的布点等进行设置。郊野型绿道的交通接驳点可结合公路、旅游专用道、农村道路、机耕道等进行设置。

7.2 绿道植被带

7.2.1 绿道植被带应符合下列规定：

1 为营造良好的生态和景观环境，保障绿道发挥基本功能，绿道游径两侧应保留或设置一定宽度的植被带。城镇型绿道游径单侧绿化带宽度不宜小于 8 m，郊野型绿道游径单侧绿化带宽度不宜小于 15 m，宜保证至少有一排行道树。

2 在周边条件允许的情况下，城镇型绿道控制范围内，乔灌木覆盖率不宜低于绿地总面积的 50%，其中乔木覆盖率不宜低于 35%。

3 应保护植被带内的自然地形地貌和生态基底，防控水土流失和生态破坏。对生态退化或已遭到破坏的区域，应采用生态技术手段及时修复。

4 不得随意改变、破坏植被带内水体的自然形态，随意改变水自然流向。宜结合水环境低影响开发的建设要求，统筹雨水综合利用、排水防涝、水系保护及修复与植被带设计，提升绿道雨水径流控制、污染控制和内涝调蓄等功能。

5 植被带内不得设置破坏绿道环境、对绿道使用者存在安全隐患的设施。合理控制新建设施规模和数量，新建、改建设施应与周边环境相协调。

6 绿道应考虑承担生物迁徙通道功能的单侧绿带宽度，应基于野生动植物的生境，保护并恢复植被带范围内生物多样性，维持生态系统功能稳定。

7.2.2 绿道植被带内植物设计应符合下列规定：

1 应遵循“生态优先、因地制宜、适地适树、地域特色”的原则，结合现状资源特点，根据不同绿道类型进行植被带种植设计，突出地域特色。植物品种应以当地乡土植物为主，乡土植物比例不宜低于 70%，可适当选取具有当地文化特色的树种。

2 最大限度保护、合理利用现有植被。植被带内古树名木、珍稀植物应全部原地保留，并根据原地形进行游径、绿道节点设计，妥善保护。

3 维护植物群落的稳定，防止外来物种入侵造成生态灾害。优先选用生态效益高、适应性强、低成本、低维护的植物种类，靠近游径的区域避免选用有毒、有硬刺的植物。

4 在污染区域，针对污染源的类别，配置相应的抗性强、具有净化功能的植物。在乔木的配置当中，要充分考虑工程土壤差的适应树种，以及考虑到 3 年 ~ 5 年后的生长覆盖面积。

5 植物配置应兼顾生态、景观、遮阴、交通安全等需求，绿道出入口和交通接驳处应采取通透式种植。

6 植物配置需充分考虑近期效益与远期效益的统一，考虑速生树与慢生树相搭配，适当考虑植物的生长空间与长势。植物品种选择要注重品种的多样性，要适当栽植各种浆果、坚果等树木。

7 植物配置时应注意季相变化，常绿与落叶、开花与结果、观叶与观果、速生与慢生植物种类合理搭配。有条件的区域，常绿乔木：落叶乔木比例宜为 6：4，速生树种：慢生树种比例宜为 3：7。

8 结合绿道周边环境，有条件的绿道可连续种植高大乔木，形成林荫道，提升游憩空间品质。乔木宜选用高大荫浓、落果不易伤人、不易污染铺装地面的种类。枝下净空不低于 2.5 m。

9 在绿道出入口处、绿道节点、驿站等处乔木的选择宜以当地高大乔木及观赏性植物为主。

7.3 节点和驿站系统

7.3.1 绿道节点系统应符合下列规定：

1 绿道节点作为城乡绿道中梳理流线、组织交通、缓冲节奏、提供配套服务的重要空间，应结合所处地区的现状条件，针对不同的绿道类型和等级，进行有特点的系统规划和设计。

2 绿道节点应保证使用者的安全、便利。应结合现状地形地貌，选择地势相对平坦、开阔的位置进行设置，必须避开各类危险区域。

3 绿道节点系统应结合绿道沿线的城乡居住点、公共空间、公共交通服务设施、自然景观、历史文化资源等进行设置。绿道节点系统还应结合本地规划中防灾、避险的要求进行设置。

4 绿道节点应分级设置。不同等级的绿道节点，其功能、组成、服务半径均有不同要求。

7.3.2 绿道节点共分为四级，按规模从大至小依次分为：一级节点、二级节点、三级节点、四级节点。绿道节点还可按类型划分为综合服务节点、自然景观节点、文化景观节点、休憩健身节点、科普教育节点等。按照绿道节点的实际情况，其分级应满足下列规定：

1 一级节点宜结合绿道沿线的重要城乡居住点、重点自然风景资源、重点历史文化资源、重要交通设施、重要文教场所等进行布置，其用地规模宜根据场地的实际情况而定。

2 二级节点宜结合绿道沿线的一般城乡居住点、普通自然风景和历史文化资源等进行布置，其用地规模宜根据场地的实际情况而定。

3　三级节点宜以绿道沿线服务设施的控制性服务半径为主要依据进行布置，鼓励其联系绿道沿线的各类城乡居住点、公共活动场所等，其用地规模宜大于 100 m^2。

4　四级节点宜以绿道沿线休憩设施的控制性服务半径为主要依据进行布置。其用地规模宜大于 30 m^2。

7.3.3　驿站是绿道服务设施的综合性载体，绿道驿站系统应符合下列规定：

1　绿道驿站应分级设置。根据等级不同，功能不同，驿站的规模和配置内容也有所不同。绿道驿站应根据实际需求，原则上按照相应等级分设于节点系统之内。

2　驿站所属相关建筑和构筑物，应满足其相关功能需求。驿站建筑应注意控制尺度和体量，建筑层数以 1 层 ~ 2 层为宜。一级驿站的建筑面积宜为 600 m^2 ~ 1 200 m^2，二级驿站的建筑面积宜为 200 m^2 ~ 500 m^2，三级驿站的建筑面积宜为 60 m^2 ~ 100 m^2。

3　各级驿站功能设施的配置应符合表 7.3.3 的规定：

表 7.3.3　绿道驿站设施配置表

设施及分类		一级驿站	二级驿站	三级驿站
管理服务设施	管理办公室	●	◎	—
	绿化养护用房	●	●	◎
	智能管理系统用房	◎	○	—
	游客服务中心	●	—	—
	游客服务点	—	◎	—
	母婴室	●	◎	—
	吸烟区	●	◎	—

续表

设施及分类		一级驿站	二级驿站	三级驿站
配套商业设施	商业售卖点	●	◎	—
	餐饮服务点	●	◎	—
	租赁服务点	●	◎	—
	自动售卖机	●	◎	○
	自助租赁设备	◎	◎	—
	自助充电设备	◎	◎	—
游憩健身设施	室内文体健身设施	◎	○	○
	休憩点	●	●	●
科普教育设施	科普陈列或阅览室	◎	◎	◎
	科普实验实践设施	◎	◎	◎
	科普教育解说系统	◎	◎	◎
停车设施	机动车停车场地及通道	●	●	◎
	机动车无障碍停车位	●	◎	—
	非机动车停车场地	●	●	●
安全保障设施	治安报警点	●	◎	◎
	临时医疗救护点	●	◎	◎
	避难点	●	●	◎
	监控设施	●	●	◎

续表

设施及分类		一级驿站	二级驿站	三级驿站
环境卫生设施	固定公共卫生间	●	●	●
	垃圾桶	●	●	●
无障碍服务设施	无障碍坡道	●	●	○
	盲道	●	●	○
	轮椅升降系统	◎	◎	○
	无障碍语音服务系统	●	◎	○
	盲文指示系统	●	◎	○
标识设施	室内配套标识	●	●	●
	智能化标识	●	◎	○
其他设施	二维码系统及配套设施	●	●	◎

注：本表中，“●”表示应设置；“◎”表示宜根据现场实际情况和具体需要设置；“○”表示可设置；“—”表示不作要求。

4 各级驿站的服务半径应符合附录A表格的规定。

7.4 设施系统

7.4.1 绿道设施系统应满足下列规定：

1 绿道设施系统是绿道的重要组成部分，应结合所处区位、区段的具体条件和分类分级的需求进行设置。

2 同一绿道其设施在选型、选材、安装等方面，除特殊景点、特殊区段之外，宜采用统一或接近的标准，并满足本地化、环保化、节能化等要求。

3 绿道系统的设施设备，应满足人体工学要求，不应存在安全风险和隐患。

7.4.2 绿道设施按功能可分为服务设施、市政设施、标识设施、其他设施四个大类，细分为管理服务设施、配套商业设施、游憩健身设施、科普教育设施、停车设施、安全保障设施、环境卫生设施、无障碍服务设施、环境照明设施、电力电信设施、给排水设施、标识设施及其他设施。

7.4.3 绿道设施的设置应符合下列规定：

1 管理服务设施和配套商业设施应结合绿道交通接驳点、节点、驿站等进行设置，其间距或服务半径应遵循绿道交通接驳点、节点、驿站等的布置原则。

2 游憩健身设施可沿绿道游径设置，同时根据具体需要，也可结合绿道交通接驳点、节点、驿站等进行设置。座凳、座椅等的设置间距，城镇型绿道一般为 80 m～200 m，最大不宜超过 300 m，郊野型绿道一般为 200 m～500 m，最大不宜超过 600 m，在人流集中的区段可以适当加大设置密度。亭、阁、廊、榭等宜结合节点、驿站等进行设置，也可沿绿道走向进行设置，其设置间距，城镇型绿道不宜小于 1 km，郊野型绿道不宜小于 2 km。各类观景台、瞭望台及室外运动设施的设置宜结合绿道沿线的实际情况，在景点或城乡居住点附近设置。

3 科普教育设施应结合驿站、历史文化点、自然景观点及绿道沿线的自然保护区等有公共科普需求的点位进行设置，其间距或服务半径不做指标性要求。

4 停车设施应包括机动车停车场和非机动车停车场，宜设计为生态停车场。

1）机动车停车场应充分利用绿道所经区域附近已有的社会停车空间，实现资源共享。除一、二级节点、驿站应结合设置外，沿途可根据条件设置小规模停车场。

2）非机动车停车场应结合各级节点、驿站设置。

3）停车场出入口的机动车和非机动车流线不应交叉，并应与城市道路顺向衔接。

5 安全保障设施应根据具体需要进行设置。安全保障设施包括隔离墩、护栏、阻车桩、安全岛、减速带等。在有条件的地区可以配置遇险呼救设备、紧急求助报警设备、安防视频监控设备等。

6 环境卫生设施应沿绿道游径和连接线的走向布置，同时根据具体需要，结合绿道交通接驳点、节点、驿站等进行设置。一级绿道垃圾桶的服务半径，城镇型不宜超过 100 m，郊野型不宜超过 500 m，二、三级绿道的标准可酌情适当放宽。一级绿道公共卫生间的服务半径，除结合节点、驿站专门设置之外，城镇型不宜超过 1 km，郊野型不宜超过 3 km，二、三级绿道的标准可酌情适当放宽。垃圾桶宜设垃圾分类指示标识。

7 无障碍服务设施应根据具体需要结合接驳点、节点、驿站等进行设置。如有条件，可沿绿道游径适当布置。无障碍设施应符合现行国家标准《无障碍设计规范》GB 50763 的有关规定。

8 环境照明设施应根据周边环境和夜间使用状况，确定照度水平和选择照明方式，应避免溢散光对行人、周围环境及绿道植被带生态的影响。

1）城镇型绿道照明标准值应符合现行行业标准《城市夜景照明设计规范》JGJ/T 163 中表 5.5.1 的规定。

2）有夜间使用需求的郊野型绿道照明照度标准值应符合现行行业标准《城市道路照明设计规范》CJJ 45 中表 3.5.1 的规定。

9 电力电信设施宜沿绿道游径和连接线的走向设置，同时根据具体需要结合绿道交通接驳点、节点、驿站等进行设置。公共无线网络服务宜做到绿道全线覆盖。公共通信服务设备、便民充电服务设备等应结合地区、场地的实际情况和具体需求进行设置。户外广播宜根据节点、驿站等的具体需求进行设置。

10 绿道给水设施应就近连接城镇给水管网，满足绿道内服务建筑等用水需求。城镇型绿道灌溉用水宜采用再生水、中水和雨水，并采取节水灌溉方式。郊野型绿道可采用小型一体化设备就地利用自然水体提供非饮用水，优先就地取用自然水体或收集处理后的雨水进行灌溉。绿道排水设施应将污水就近排入城镇污水管网。郊野型绿道距离城镇污水管网较远的区域应建设污水收集处理设施，宜采用生态化为主的处理方式，污水经过处理达标后方可向外排放。驿站的生活、消防用水供给和污水排放应按照建筑设计的相关规范进行设施设置，绿化区域应配置基本的灌溉设施。

11 标识设施应沿绿道和连接线的走向设置或在绿道出入口、接驳点、节点、驿站处设置。在特殊、重点、主要区段或地点，可根据实际条件和具体需求设置智能化标识设施，承担展示和咨询、科普解读和互动等功能。

1）绿道标识设施分为指示标识、解说标识、警示标识三种类型。按其信息表述具体意义又可分为指示指路标识、绿道辅助标识、警告禁令标识、外部配套标识四类，并应符合表 7.4.3 的规定。

表 7.4.3　绿道标识功能分类表

标识类型	主要功能
指示指路标识	指路：导引目的地方向，明确标明道路、设施、景点等目的地方向； 指示：引导和说明区域情况，应包括平面图、绿道线路、服务设施位置、重要景点分布、交通接驳点位置、管理说明、区界位置等
绿道辅助标识	文字标识：详细介绍沿线自然、人文等信息； 距离标识：到道路、设施、景点等目的地的距离； 地面标识：慢行道路标识线、绿道 LOGO、骑行标识线及方向指示
警告禁令标识	停车、警示、禁止、设施信息等标识，适用于近距离信息提示，其中起警示作用的标识需要在危险前端 80 m ~ 100 m 处设置
外部配套标识	标明各类设施场所，须使用相应的图形信息符号，包括：节点、驿站、公共卫生间、停车场、自行车租赁处、交通换乘点、设施用房等

2）绿道标识标牌宜结合所在地区自然、历史、文化等本土特色，选用节能环保的材料进行制作，应明显区别于道路交通及其他标识，并与周边环境相协调。

3）绿道标识设施的信息表达应符合下列要求：

城乡绿道的标识信息表达宜按同一绿道采用统一标准。除特殊景点、特殊区段的标识设施之外，同一绿道其标识设施的各类载体如牌、板、碑、桩的信息展示面均宜采用统一的配色、字体及构图方式。

城乡绿道的标识信息表达应保证文字信息的准确无误、清晰简洁。位于重点地区或区段的标识信息应同时标注英文或其他语言文字，位于少数民族地区的标识宜同时标注当地少数民族语言文字。同一绿道其标识设施所使用的同一种语言的文字字体不宜超过四种，同一处标识载体所使用的同一种语言的文字字体不宜超过两种。

城乡绿道的标识信息表达应保证图示信息的准确明晰。特殊地区或区段的标示图案或图形宜反映周边居住点、自然景观或历史文化景观的特点或典故。各地区可根据实际情况，在标识体系中适当加入体现地域特色的符号、文化信息等，但不应造成混淆或误解。

城乡绿道的标识设施应满足使用者在通用层面的基本要求。严格遵守法规和标准规范，符合国际通行惯例。

8 绿道命名及里程编制

8.1 绿道命名规则

8.1.1 四川省城乡绿道的标准命名应包括全称和简称，并应符合下列要求：

1 全称应由三部分组成：汉语缩写词“川绿道”、点状间隔符“ · ”、绿道起讫点的城市名称中间加连接符“—”即“××—××”。

2 简称应由两部分组成：绿道起讫点的城市名称中间加连接符“—”即“××—××”、汉语词“绿道”。

8.1.2 有特殊命名需求的绿道，可由主管部门根据实际情况进行特殊命名。绿道标准名与特殊名可以并用。

8.2 绿道编号规则

8.2.1 四川省城乡绿道编号应由拼音字母标识符“L”和阿拉伯数字编号组成。

8.2.2 四川省城乡绿道编号中阿拉伯数字编号应符合下列规定：

1 联系两个城市之间的全部绿道应使用一套独立编号序列。

2 联系两个城市之间的现有绿道，如不止一条，则应按起点城市起点位置，由正北开始按顺时针方向升序编排，对绿道线路进行统一编号。

3　对于新建的绿道宜按建设时序升序编号。

4　当两条或两条以上名称或编号不同的绿道交叉时，其各自的名称和编号不受影响；当名称相同的绿道汇合形成一条绿道后，其汇合段编号宜保留为其中最小的数字编号；新建绿道汇入现有绿道,其汇合段名称和编号宜统一为现有绿道的名称和编号。

8.3　绿道里程编制规则

8.3.1　四川省城乡绿道里程应按绿道名称及其编号分别编制，即不同名称或相同名称但不同编号的绿道，均视为独立绿道进行里程编制。

8.3.2　四川省城乡绿道的里程编号应由拉丁字母标识符“K”和阿拉伯数字编号组成。

8.3.3　四川省城乡绿道的里程计算和编制应符合下列规定：

1　应以命名中前置的城市绿道起点为起点（K0），沿绿道延伸方向依距离计算。

2　当两条或两条以上的绿道交叉时，其各自的里程计算不受影响；当两条名称相同的绿道汇合形成一条绿道后，其汇合段里程宜按绿道编号最小的绿道的既有里程继续计算；新建绿道汇入现有绿道，其里程计算宜至汇入点截止。

8.3.4　四川省城乡绿道游径沿途应设置里程碑标识。里程碑的间距不宜大于 500 m，在条件特殊的地区可适当加大，但不应大于 1 km。

9 低影响开发应用

9.0.1 绿道规划设计的水文低影响开发措施应依据上位规划或建设目标，在满足自身功能的基础上，结合“渗、滞、蓄、净、用、排”等技术，因地制宜有选择地加以应用。

9.0.2 绿道的水文低影响控制指标应符合下列要求：

1 绿道规划设计雨水年径流量控制率及设计降雨量控制应符合项目所在区域的海绵城市专项规划、相关专项规划及控制性详细规划中控制指标的要求。

2 城镇型绿道游径周边用地下凹式绿地率不宜小于30%。

9.0.3 绿道设计中绿道游径和绿道节点宜采用透水铺装。

9.0.4 绿道游径周边雨水入渗等措施应符合下列规定：

1 在绿道游径周边应尽量布置消纳雨水径流的绿地，设置植草沟、下凹式绿地和生物滞留带等小型分散设施，从源头控制雨水。

2 绿道游径路面应坡向下凹式绿地。在绿道游径旁布置有下凹式绿地的地段，路面可在竖向上高出绿地标高150 mm以上。

3 雨水滞留和入渗场所的选择不得引起地质环境等灾害，或损害周边道路或建（构）筑物。

9.0.5 应充分结合场地的地形地貌，保护和利用绿道游径周边原有的沟渠、湿地及塘坑等进行调蓄设施的布置。绿道设计应保证原有地形的冲沟、泄洪渠等的洪水过流断面不被减少。

9.0.6 绿道游径周边水体设置应符合下列要求：

1 周边雨水汇流进入景观水体之前宜设置预处理设施，以降低径流污染。

2 景观水体宜采用生态驳岸和非硬质池底，为水生动植物提供栖息条件，通过其对水体水质进行净化，提高水体的自净能力。寒冷地区的湿塘等应考虑冬季结冰对动植物的影响。

附录 A　绿道分类分级控制标准

表 A　绿道分类分级控制标准表

绿道级别	分级标准	城镇型	郊野型
一级绿道	游径宽度	步行道：不宜小于 3 m； 自行车道：不宜小于 3.5 m； 综合道：不宜小于 6 m	步行道：不宜小于 2.5 m； 自行车道：不宜小于 3.5 m； 综合道：不宜小于 5.5 m
	纵坡坡度	步行道：不应大于 8%，大于 8%时应设置梯步； 自行车道和综合道：不宜大于 2.5%，最大不应超过 8%，条件特殊的区段可设置推行坡道，坡度不应超过 20%	步行道：不应大于 8%，大于 8%时应设置梯步； 自行车道和综合道：不宜大于 2.5%，最大不应超过 8%，条件特殊的区段可设置推行坡道，坡度不应超过 20%
	驿站服务半径	一级驿站：应根据实际情况统筹规划设置； 二级驿站：应根据实际情况统筹规划设置，不宜超过 5 km； 三级驿站：宜为 2 km ~ 3 km	一级驿站：宜为 15 km ~ 20 km； 二级驿站：宜为 5 km ~ 10 km； 三级驿站：宜为 3 km ~ 5 km
二级绿道	游径宽度	步行道：不宜小于 2.5 m； 自行车道：不宜小于 3 m； 综合道：不宜小于 4.5 m	步行道：不宜小于 2 m； 自行车道：不宜小于 3 m； 综合道：不宜小于 4 m
	纵坡坡度	步行道：不应大于 8%，大于 8%时应设置梯步； 自行车道和综合道：不宜大于 2.5%，最大不应超过 8%，条件特殊的区段可设置推行坡道，坡度不应超过 20%	步行道：不应大于 8%，大于 8%时应设置梯步； 自行车道和综合道：不宜大于 2.5%，最大不应超过 8%，条件特殊的区段可设置推行坡道，坡度不应超过 20%

续表

绿道级别	分级标准	城镇型	郊野型
二级绿道	驿站服务半径	一级驿站：应根据实际情况统筹规划设置； 二级驿站：应根据实际情况统筹规划设置，不宜超过8 km； 三级驿站：宜为 3 km ~ 5 km	一级驿站：宜为 20 km ~ 30 km； 二级驿站：宜为 8 km ~ 12 km； 三级驿站：宜为 4 km ~ 6 km
三级绿道	游径宽度	步行道：不宜小于 2 m； 自行车道：不宜小于 2.5 m； 综合道：不宜小于 3.5 m	步行道：不宜小于 1.5 m； 自行车道：不宜小于 2.5 m； 综合道：不宜小于 3 m
	纵坡坡度	步行道：不应大于 8%，大于 8%时应设置梯步； 自行车道和综合道：不宜大于 2.5%，最大不应超过8%，条件特殊的区段可设置推行坡道，坡度不应超过20%	步行道：不应大于 8%，大于 8%时应设置梯步； 自行车道和综合道：不宜大于2.5%，最大不应超过 8%，条件特殊的区段可设置推行坡道，坡度不应超过 20%
	驿站服务半径	一级驿站：应根据实际情况统筹规划设置； 二级驿站：应根据实际情况统筹规划设置，不宜超过10 km； 三级驿站：宜为 3 km ~ 5 km	一级驿站：宜为 20 km ~ 30 km； 二级驿站：宜为 10 km ~ 15 km； 三级驿站：宜为 5 km ~ 8 km

注：自行车道坡度≥2.5%时，应按表 7.1.3-2 的规定限制坡长。

本标准用词说明

1 为便于在执行本标准条文时区别对待，对要求严格程度不同的用词说明如下：

1） 表示很严格，非这样做不可的：

正面词采用“必须”，反面词采用“严禁”；

2） 表示严格，在正常情况下均应这样做的：

正面词采用“应”，反面词采用“不应”或“不得”；

3） 表示允许稍有选择，在条件许可时首先应这样做的：

正面词采用“宜”，反面词采用“不宜”；

4） 表示有选择，在一定条件下可以这样做的，采用“可”。

2 条文中指明应按其他有关标准执行的写法为“应符合……的规定”或“应按……执行”。

引用标准名录

1 《道路交通标志和标线》GB 5768

2 《道路交通信号灯设置与安装规范》GB 14886

3 《室外排水设计规范》GB 50014

4 《防洪标准》GB 50201

5 《建筑与小区雨水控制及利用工程技术规范》GB 50400

6 《无障碍设计规范》GB 50763

7 《防灾避难场所设计规范》GB 51143

8 《城市道路工程技术规范》CJJ 37

9 《城市道路照明设计规范》CJJ 45

10 《城市夜景照明设计规范》JGJ/T 163

11 《环境影响评价技术导则 生态影响》HJ 19

12 《绿道规划设计导则》

13 《彩色透水混凝土整体路面构造图集》川 16Z117-TY

14 《成都市城镇绿化树种及常用植物应用规划（2010—2020年）》

四川省工程建设地方标准

四川省城乡绿道规划设计标准

Standard for planning and design of urban and rural greenway in Sichuan Province

DBJ51/T 097 – 2018

条 文 说 明

制 定 说 明

《四川省城乡绿道规划设计标准》(DBJ51/T 097 - 2018) 经四川省住房和城乡建设厅 2018 年 6 月 22 日以川建标发〔2018〕525 号公告批准公布。

为便于绿道规划建设主体、绿道规划建设管理有关部门和规划设计单位在使用本标准时能准确理解和执行条文规定,《四川省城乡绿道规划设计标准》编制组按章、节、条顺序编制了本规程的条文说明，对条文规定的目的、依据以及执行中需注意的有关事项进行了说明。本条文说明不具备与规程正文同等的法律效力，仅供使用者作为理解和把握规程规定的参考。

目　次

1 总 则

1.0.1 本条规定了制定本标准的目的。为贯彻落实“创新、协调、绿色、开放、共享”五大新发展理念和中国共产党第十九次全国代表大会关于城乡生态文明建设的重要思想，推动城市绿色发展和实施乡村振兴战略，鼓励并规范四川省各地蓬勃开展的绿道建设热潮，迫切需要一个适用于指导全省绿道规划设计的技术标准。

1.0.2 本标准的适用范围是四川省全域各级各类的新建、扩建及改建城乡绿道规划设计。对于四川省域内甘孜、阿坝、凉山等特殊地区，可以酌情参照执行。

4　绿道功能与组成

4.0.1　绿道的功能包括：

1　生态保护功能：作为生态基础设施的绿道系统对区域生态系统完整性、安全性、生物多样性等有重要意义，应是生态安全格局的重要组成部分。

2　游憩健身功能：绿道可以丰富城乡居民的业余生活，提供新型的健身方式。

3　绿色交通功能：为城乡居民提供慢行交通出行的便利，助力绿色交通方式的普及。

4　旅游休闲功能：结合旅游发展，承载休闲游览和文化展示体验等功能。

5　避难疏散功能：符合《防灾避难场所设计规范》GB 51143有关规定的绿道空间可以作为应急避难场所。

6　教育科普功能：绿道可以助力实地科普地理、生物、社会等知识，发挥实践教育作用。

5 绿道分类与分级

5.1 绿道分类

5.1.1 根据我省实际情况，将城乡绿道分为城镇型绿道和郊野型绿道。不同类型的绿道对应不同的功能和建设标准，并作为城乡绿道建设管理维护的重要依据。

5.1.2 现代城市是一个复杂的人工和自然系统，其用地往往十分紧张，人居环境面临重重挑战；另一方面，城乡居民对接近自然、健康生活的要求日益迫切，这些都使合理科学地在高密度城市中规划建设绿道有其重要意义。生态基础设施是城市和居民持续得到生态系统服务的有力保障，也是维护土地生态安全的刚性需求。城镇型绿道就是城市中生态基础设施的重要组成部分。其控制范围还应符合上层次规划和相关专项规划的要求。

本条所指“廊道空间控制宽度”，指需要专门引导和管控建设内容和建设品质的绿道线性开敞空间的宽度。有条件的地方宜纳入规划绿线控制。廊道空间控制范围内应主要布置绿道系统各种要素，聚焦打造绿道功能和景观。

5.1.3 郊野型绿道的规划设计应建立在识别生态安全格局基础上，结合现场踏勘，判识出有益生态安全、生物保护、自然文化遗产保护以及人类安全和游憩感知体验的线性空间结构。其控制范围还应符合上层次规划和相关专项规划的要求。使用方式以骑行为主、步行为辅。

5.2 绿道分级

5.2.1 我省目前绿道建设实践中，各地绿道的容量、功能配套、建设标准差别很大，不利于将来形成全省标准基本统一的绿道网络。根据我省实际情况，将绿道划分为三个级别，可以根据不同级别绿道的不同需求确定规划设计指导标准，使我省绿道建设更加有序和协调，并为后期管理运营提供便利。

5.2.2 一级绿道作为全省城乡绿道系统的第一等级，承载着维护城乡生态系统完整和使绿道系统为城乡居民持续发挥各项服务功能的使命，同时串联各级重点生态空间、人文历史景观和主要功能区等，是构建全省城乡绿道系统的骨架。

5.2.3 除绿道其他功能以外，一、二级绿道还是城乡慢行系统的重要组成部分，与轨道交通、常规公交等形成良好的衔接，可以为居民的通勤和休闲游憩活动提供更大便利。

5.2.4 大量的延伸到居民家门口的绿道是我省城乡绿道体系的第三等级，这一等级绿道的建设除可以辅助解决城乡居民出行的“最后一千米”问题外，还可以串联城乡社区文化活动站、社区医院、社区商服等重要社区公共服务设施，主要服务于周边居民。

6 绿道选线

6.1 基本要求

6.1.1 绿道的选线应分析区域内城镇布局、城乡生态格局、自然和人文资源布局，以及洪涝、地质灾害潜在发生区等危险区域分布情况，确定绿道总体线型方向。绿道的选线应在调研、勘察的基础上，将生态体系中基质、廊道或斑块等肌理的空间边界以及需要保护的生态敏感区域等作为规划层面指导选线的依据，充分整合、合理利用各类自然资源和文化资源，突出对市民吸引力强的绿道线路。

6.1.2 本条所指“用地情况不明确的区域”，指在有关规划中，由于客观原因，未给出明确使用性质、边界的用地。本条所指“节约用地”，指绿道选线应结合城镇、农村产业发展需要，合理占用土地并充分结合其原有功能。对用于粮食种植、油料种植、经济作物种植、经济林种植、景观林种植、禽类养殖、畜类养殖等的农业、林业用地，尤其应注重绿道选线和所占用地产业发展的关系，实现绿道与用地的互利性。

6.1.3 本条所指“网状连通”，即多条绿道在一定程度上实现彼此连通、成环成网。

6.1.4 本条及之后所指“城乡居住点”，即城镇用地内的居住用地，包括居住小区、单位或部门的居住区或宿舍区、乡镇和农村的集中居住区等。本条及之后所指“公共空间”，即城镇范围内的公共性质的开敞和开放空间，包括城镇的市政广场、街头广场、城市公园、商业配套的开放场地、公共交通设施配套的开放场地等。本条及之后所指“自然景观”，即以自然景观为主的景点、景区或旅游区。本条及之后所指“历史文化景观”，即以历史人文景观为主的景点、景区或旅游区。

6.1.5 本条所指“站场”，包括但不限于城镇常规公共交通、城镇间交通、轨道交通等的旅客乘降、换乘场所和相关设施设备，包括但不限于城镇公交车站、快速公交专用系统车站、有轨和无轨电车站、地铁和轻轨站、中长途汽车站或客运中心、火车和城铁站、专门交通车或专线车站、出租汽车乘降站、综合换乘枢纽等。

6.1.6 本条所指“避让”，是指绿道的选线对特殊用地或区域采用绕避、上跨或下穿等方式，不直接将绿道引入特殊用地或区域。本条所指“重要市政设施用地”，包括但不限于电力廊道、市政管道、发电站、变电站、石油天然气贮藏库等用地。本条所指“风险性较高的用地”，包括但不限于危险品贮藏和运输、危险工业园区、二类工业、三类工业、垃圾处理等用地。本条所指“地质条件不良的区域”，包括但不限于容易发生沉降、滑坡、崩塌、泥石流等地质灾害的风险区域。本条所指“其他需要避让的用地和区域”，包括但不限于自然保护区的核心区和缓冲区、使领馆用地、监教场所用地、安全保卫部门用地、墓葬地等，以及国家法律法规、规定、规范需要避让的区域。

6.1.7 本条及之后所指“轨道交通线路”，包括国有铁路、地方铁路、专用铁路、铁路专用线、城市轨道交通线路等。本条所指

“专属立体交通组织”，指绿道专属的桥梁、隧道、涵洞等。绿道的立体交通组织应与有关交通管理、规划、设计等单位协调，保证绿道所属的工程结构及附属设施等不对原设施交通造成影响。

6.1.8 本条所指“相关体育项目”，包括但不限于自行车运动项目、竞走项目、马拉松项目、定向越野项目等。

6.1.9 在绿道的选线工作中，应结合地区的实际情况，进行专属性强、针对性强、落地性强的多方案比较研究。

6.2 分类选线

6.2.1 本条所指城镇功能组团，主要指城镇中承担生活、服务功能为主的组团，包括但不限于居住、办公、商业、交通等用地空间及各类绿地空间。

6.2.2 本条所指“自然保护区的核心区和缓冲区”“生态敏感区”，其判定依据应符合国家现行法规《中华人民共和国自然保护区条例》和国家现行导则《环境影响评价技术导则 生态影响》HJ 19 的有关规定。

7 绿道要素规划设计

7.1 绿道游径系统

7.1.1 本条所指“步行道”，即原则上不允许除步行交通之外的交通方式进入的绿道游径。本节所指“自行车道”，即原则上只允许两轮自行车或轻型电动两轮自行车进入的绿道游径。本条所指“中大型机动车辆”，依照《中华人民共和国交通安全法》有关机动车分类的条款，包括大型和小型汽车、专用汽车、特种车、有轨和无轨电车、电瓶驱动的中大型三轮车和四轮车、各型摩托车、各型农用运输车、各型拖拉机、轮式自行专用机械、全挂和半挂车等。本条所指“特定轻型机动车”，依照《中华人民共和国交通安全法》有关机动车分类的条款，指电瓶驱动的，主要用于游览观光、清洁维护、治安巡逻、紧急救护等的小型三轮和四轮车。

7.1.2 本条所指“绿道游径宽度”，是绿道游径主体铺装的净宽度，不包括两侧缘石的宽度。

7.1.3 本条所指绿道游径的“纵坡”，即沿绿道延伸方向的坡度。本条所指绿道游径的“横坡”，即沿绿道垂直方向的坡度。

7.1.4 本条所指绿道游径的“铺装”，即面层，为整个路面结构的最上层。直接承受上部活动荷载的垂直力、水平力等反复作用，同时受到湿度、温度等影响，是最直接地反映路面使用性能的一层，其材料包括整形石材、砖或砌体、碎石或卵石、沥青、高分子材料、透水材料等。本条所指绿道游径的“基层”，位于铺装以下，主要承受上层传递的垂直力等作用，并将其扩散到垫层和土基，同时还可能受到面层渗水以及地下水的侵蚀等作用，其材料包括水泥、石灰、沥青、碎石、砂砾和工业废渣等。本条所指绿道游径的“垫层”，是介于基层与土基之间的层次，应根据实际情况，如土基处于不良状态（湿土、软土、膨胀土或冻土等）才考虑设置，以确保路面结构处于稳定的状态，其材料包括粗砂、砂砾、碎石、煤渣、矿渣、水泥和石灰煤渣等。本条所指绿道游径的“土基”，即道路的土路基，位于路面结构下方，承受道路的各类荷载。本条所指“不良地质条件下的土基”，包括现场土基含水量过高、含砂率过高、风化度过强，或建设区段处于冻土区、软土区、膨胀土区、湿滑土区、回填土区等情况。新型铺装材料包括彩色透水混凝土整体路面、天然露骨料透水路面、蓄光自发光材料路面等。其中彩色透水混凝土整体路面的做法应符合《彩色透水混凝土整体路面构造图集》川 16Z117-TY 的有关要求。

7.1.5 本条所指“净空”，是为保证绿道游径行人和自行车的正常通行与安全,而划出的拥有一定的高度和宽度范围的空间界线，其界线内原则上不允许任何障碍物侵入。

7.1.6 本条所指“借道”，指绿道和城市道路、公路或其他道路实行共板设置，或直接使用其最外侧一定宽度范围内的路面。绿道连接线兼具绿道游径连接和城乡交通功能，应有效进行交通组织和功能衔接，并采取适当的交通管理措施。绿道连接线设置的交安设施包括道路交通标志标线、绿道标识设施、安全隔离设施等。本条所指“共板”，是指机动车道和绿道游径之间无高差，无实体隔离设施，在同一道路板块设置。

7.1.7 本条所列的隔离设施或标识，包括隔离绿带、隔离墩、护栏和交通标线等形式。隔离设施或标识在设置时应注意与邻近的道路、公路的有关交通设施或标识形成呼应，避免两者之间出现冲突、歧义或矛盾等。

7.1.8 绿道交通接驳点的组成包括通行区域、候让区域、交通标志标线及标识设施、安全隔离设施等，以满足使用者对外部交通的需求，保证有效的交通衔接，并便于交通管理和安全维护。绿道游径与一级公路、城市主干路，城市有轨电车线路交叉时，应采用平面灯控路口交叉形式。绿道游径与二、三、四级公路，城市次干路，城市支路交叉时，宜采用平面交叉形式。平面交叉口应划定醒目的人行横道，并设置清晰的标识。人行横道长度大于 16 m 时应设置过街安全岛，安全岛宽度不小于 2 m。平面交叉口可考虑设置交通信号灯，设置条件应符合《道路交通信号灯设置与安装规范》GB 14886 的有关规定。无交通信号灯时，可在停车线前 30 m ~ 50 m 设置限速标识、注意行人标识和人行道预告标识，并设置减速带。绿道游径出入口宜邻近已有城市道路、公路与公交站点，方便交通换乘。绿道公共停车场、出租车停靠点等应根据人流集散布局。不同交通换乘应留出必要的安全集散空间，配套设置减速带及标识等。

7.2 绿道植被带

7.2.1 本条所指“乔木覆盖率”，控制的是绿道内的郁闭度（即林冠覆盖度）。

7.2.2 绿道植被带内植物设计的其他参考要点如下：

1 绿道植物选择宜结合四川地区自然条件和文化内涵，突出地方特色。四川东部的四川盆地属亚热带湿润气候；而西部的高原地区受地形影响，以垂直气候带为主。四川盆地全年日照900 h～1 600 h，是全国日照最少的地区之一。落叶乔木树冠较大，栽植在绿道内，夏季能够提供有效遮阴，落叶后冬季阳光可以照入绿道空间，形成斑驳树影，提升环境体验。郊野型绿道建议引入具有观赏性的农作物。

2 乔木胸径大于等于 25 cm，长势良好，无病虫害，树形优美的应尽量保留。如与景观总体设计布局有较大差异，可考虑就地就近移栽。可参考《成都市城市道路绿化建设导则》。

5 绿道植物选择需因地制宜，合理搭配常绿乔木与落叶乔木比例，选择花木及色叶植物，增加景观层次性、色彩多样性和突出绿道特征，提高可识别性。在绿道的重要节点位置，可多配置一些易于养护的多年生花卉。这样可以增加绿道的情趣、色彩及亮点。需考虑种植是否遮挡道路视线、是否有安全死角等问题。

6 可参考《成都市城镇绿化树种及常用植物应用规划（2010—2020 年）》。植物配置可利用植物不同的形态特征进行对比和衬托，注意纵向的立体轮廓线和空间变换，做到高低搭配，有起有伏，近景远景结合。注重时间与季相的变化，对不同花（叶）色花（叶）期的植物相间分层配置，使植物景观丰富多彩。应考虑在绿道空间较为宽松的区域多种植花果植物，可考虑营造或结合现有水体湿地，为鸟类、昆虫、鱼类等生物创造食物来源和栖息生境，不仅可丰富可观赏的景观资源，也起到提升生态效应的作用。

7 植物的选择上避免选取品种名贵、规格较大的乔木，避免孤植，应成组成团栽植。在植物设计过程中，应大量选用乡土、常绿的树种作为背景植物。在使用者接触、观赏的范围内设计观叶、观花、观果的特色植物。

8 结合实际情况，可布置和增加行道树列数，行道树种植间距以 6 m ~ 8 m 为宜。

9 乔木栽植可体现仪式感。重要节点位置可适当配置一些易于养护的多年生花境植物，增加绿道的情趣、色彩及亮点。

7.3 节点和驿站系统

7.3.1 本条主要指导绿道节点系统规划布置。本条所指“配套服务”，指的是为城乡绿道的生态、游憩、交通等基本功能提供的公共和社会服务，包括但不限于：地标特征物、售卖、餐饮、咨询、科普、展示、通信、治安、医疗、消防、供应等。城镇型绿道的节点应结合未来物业发展的聚集点、城市发展的增长点和城市活力的展示点进行规划和设计。

7.3.2 本条主要指导绿道节点分级设置。本条所列“一至三级节点”的情况较为复杂，应保证其规模，并满足多种功能需求。四级节点宜设置简易公共卫生设施（非必须）、非机动车临时停车场地、休憩设施设备、配套标识设施等。在具体实践中，较高级别的驿站宜设置在一级节点内。在一些特殊地区，较高级别的驿站也可根据相关规划、现场实际情况和地区业态等条件，与“特色小镇”“历史名镇”“集中服务区”等共同建设。

7.3.3 本条所列“相关建筑和构筑物”，一般指游客服务用房、管理用房、售卖和餐饮用房、科普展示用房、公共卫生用房、治安医疗消防等用房、相关设备用房、户外休息用房等建筑及相关构筑物。

驿站除绿道服务功能外，也应积极参与组织周边区域的交通换乘、人流集散。本条所列“一级驿站”，是绿道驿站系统中最高等级的驿站，其服务对象除绿道使用者之外，亦应包括周边的城乡居民、游客、旅客等，且数量较大，应具备多种服务功能，并配足相关的设施设备。本条所列“二级驿站”，其在规模上应小于一级驿站，功能比一级驿站简单。二级驿站与绿道沿线的城乡居民点、自然风景和历史文化资源等也存在一定的关系，服务对象包括绿道使用者、城乡居民及游客等。本条所列“三级驿站”，是绿道驿站系统中最低等级、最基层的驿站，主要服务于绿道使用者。

7.4 设施系统

7.4.1 本条主要指导绿道设施系统规划和设计。本条所指“绿道设施”，包括但不限于承担管理服务、游憩健身、商业餐饮、无障碍服务、环境卫生、电力通信、环境照明、安全保障、科普教育、给水排水、标识指示等功能的设施设备。

7.4.3 本条主要为绿道设施的分类及布置的原则性要求。本条所指“管理服务设施”，指为绿道管理者提供基本管理、维护等的场所、设施、设备等，及为使用者提供基本服务的场所、设施、设备等，其具体形式包括管理中心的办公用房、绿化养护服务用房和设施设备用房及游客服务点、咨询点、信息点等用房。本条所指“配套商业设施”指为绿道使用者及周边居民等提供商业、餐饮、租赁等服务的场所和相关设施、设备，其具体形式包括售卖用房、餐饮用房、租赁用房、自动售卖机、自行车自动租赁设备等。本条所指“游憩健身设施”，指为绿道使用者提供临时坐、靠等功能的设施设备，也包括为使用者遮阴、遮风、遮雨等的建（构）筑物，还包括各类户外运动、健身场地及设施、设备，其具体形式包括座凳、座椅、户外餐桌椅等户外家具小品，亭、阁、廊、榭等建（构）筑物，户外体育设施、户外健身设施、户外运动场地（包括但不限于田径运动场、篮球场、排球场、足球场、网球场、羽毛球场、乒乓球场、门球场、棒球场、垒球场、极限运动场等）等，及观景台、瞭望台等。本条所指“科普教育设施”，指为绿道使用者、学生群体及周边居民等提供科普讲解、科学教育、科学观测、科学小实验等服务的场所和相关设施、设备，其具体形式包括科普展示和讲解用房、陈列管理用房、阅览用房、实验用房、观测用房等以及净化池展示系统、生态池展示系统、生态观测望远镜、科普教育解说设备等。本条所指“停车设施”，包括机动车停车场地、非机动车（含共享单车）停车场地等。本条所指“安全保障设施”，指为绿道使用者提供治安报警、临时救护、救援、医疗等措施的设施、设备，以及供管理人员实施安全管护的设施、设备，其具体形式包括各类监控系统、报警定位系统、户外医疗工具箱、救难工具箱、应急箱等，还包括车挡、栏杆等阻拦性、隔离性设施。本条所指“环境卫生设施”，指为保障绿道区段清洁、为使用者提供便溺场地、盥洗服务的各类场所、设施、设备，其具体形式包括户外盥洗池（台）、垃圾桶、垃圾集中分类点、垃圾集中转运点、固定公共卫生间（包括第三卫生间、无障碍卫生间）及简易公共卫生间等，有条件的地区可根据实际情况设置满足相关规范和标准的各类新型卫生洁具设备，如无水小便池、真空集便器、降解式处理系统等。本条所指“无障碍服务设施”，指为各类残障人士提供移动辅助、登高辅助、信息提示等的设施、设备，其具体形式包括无障碍坡道、盲道、轮椅升降系统、无障碍语音服务系统、盲文指示系统等。本条所指“环境照明设施”，指为绿道、节点、驿站及建（构）筑物、小品雕塑等提供照明的设施、设备，其具体形式包括各类户外户内灯具及其配套设施。本条所指“电力电信设施”，指为绿道使用者提供公共电力供应和电信通信服务的硬件设施、设备，及为绿道各功能设施设备提供电力供应的设施、设备等，其具体形式包括公共电话亭、公共通信服务设备、公共有线网络服务设备、公共无线网络服务设备、户外广播设备以及各类输电设备、变电设备、送电设备、充电设备、蓄电设备等，有条件的地区可根据实际情况设置满足相关规范和标准的各类清洁能源发电设备，如太阳能发电设备、风力发电设备、生物能发电设备等。本条所指“给排水设施”，指为绿道及其使用者提供给排水相关服务的设施、设备，其具体形式包括水务终端设备、排水河道、沟渠、管道、箱涵、泵站、雨污水处理再生利用及其他附属设施等，有条件的地区可根据实际情况设置满足卫生标准的饮水台。本条所列“标识设施”，指绿道体系中承担冠名、引导、分流、解说、定位、警示等功能的设施、设备，包括标识牌、标识板、标识碑、标识桩等。本条所列“智能化标识设施”，包括电子标识、信息化标识或自带讲解、咨询等功能的综合标识系统，通过利用互联网及其终端、无线网络系统、二维码系统等设施、设备，实现标识信息表达的电子化、信息化、智能化，硬件包括处理器、服务器、键盘、鼠标、触摸屏、屏幕、音响及供电、网络线路等配套设备等。

本条所列“指示标识”，其内容为通过文字、箭头或其他图形的形式表示目的地方向、距离以及目的地与现处位置之间的关系等，主要位于交通接驳点、节点、驿站、游径交叉口等处。本条所列“解说标识”，其内容为通过文字、图片的形式进行讲解或说明，主要位于各类节点处，也可在绿道沿线视需要布置。本条所列“警示标识”，其内容为标明可能存在的危险或列出绿道管理的有关规定等，主要在危险地点布置。本条所列“指示指路标识”，用于冠名、指示、指路、定位、里程表达等，主要包括冠名标识、公共卫生间指示标识、停车场指示标识、桥梁指示标识、隧道指示标识、定位标识、界碑标识、绿道方向指路标识、绿道支路或岔路指路标识、绿道里程或桩号标识、外部联系交通指路标识、应急出入口通道指路标识等。本条所列“绿道辅助标识”，是在指示指路标识或警告禁令标识无法完整表达或指示其内容时，为维护绿道的安全与畅通而设置的标识系统，也包括临时设置的标识，主要包括特殊文字说明标识、诱导提示标识、增补信息标识、施工区段临时指示标识、施工区段临时警告标识、施工区段临时禁令标识等。本条所列“警告禁令标识”，用于警告、禁令等，主要包括市政道路或公路警告标识、陡坡警告标识、弯道警告标识、台阶警告标识、人员穿行区段警告标识、桥梁警告标识、隧道警告标识、禁区禁令标识、环境维护禁令标识（如禁止吸烟、禁止践踏草坪、禁止丢弃垃圾等禁令标识）、水源保护禁令标识、森林防火禁令标识、非机动车禁令标识、机动车禁令标识等。本条所列“外部配套标识”，指与绿道主体无直接关系，用于绿道配套设施的信息标识，主要包括绿道节点，驿站中用于引导就餐、购物等人流的标识，用于科普讲解的标识，用于指示节点，驿站各功能区的标识等。本条所指“特殊、重点、主要区段或地点”，主要指经过城乡重要区域如城乡中心广场、城乡公共中心空间、城乡政务或军事区域、交通分流集散区域等的绿道区段，以及绿道沿线的重要居住点、重要历史文化点、重要自然景观点等。

绿道标识设施的材料应尽量采用可回收、可降解的类型，禁止使用损坏后容易出现尖锐、锋利残骸的型材。

关于绿道标识设施信息的表达，上述所指“文字信息的准确无误”，意即用字用词准确、正式、标准，语句通顺、文法无误，表意明确、简洁，不应造成理解上的歧义，不应使用不规则的文字、词句，对于各类非汉语文字信息，应确保翻译准确无歧义、意义简明清晰，应使用正确的字母、单字、词语和句式。上述所指“图示信息的准确明晰”，意即图案或图形信息构图简洁、明晰、美观，图示信息便于解读，不应使用有可能产生歧义的图案、图形。上述所指标识设施“在通用层面的基本要求”，意即标识设施的布设位置、安装高度等应与现场条件相结合，确保在通行方向上不被植物或其他建（构）筑物所遮挡。重要地区或区段、危险区段的有关标识应提前预设、给予使用者前期提示。有夜间指示或说明需求的标识设施应考虑配套照明或发光设计。

本条所指“其他设施”，指除上述设施之外的其他设施、设备，具体可包括燃气、供热、暖通等系统设施。

8 绿道命名及里程编制

8.1 绿道命名规则

8.1.1 本条所用缩写词“川绿道”，为“四川省城乡绿道”的缩写，表示所命名的绿道属于四川省城乡绿道系统。本条所指“城市”，包括四川省所辖副省级市、地级市、县、自治县、县级市、部分城市的远郊城区以及部分城市新区，原则上不包括副省级城市和地级市传统市区或主城区的市辖区。如属于成都市主城区的金牛区、新都区等，建议在命名时统称为“成都”。绿道起讫点的命名原则上采用接壤的城市名。命名时以省会（成都）排在前；若两个城市均为非省会时，行政级别较高的排在前；自治州县级首府城市排在其他县级城市之前；若两个城市级别相同，则根据绿道走向，按自北向南、自西向东的顺序命名；同属一个城市的市区之间如建设绿道，可参照上面一种情况命名。本条所列绿道全称和简称实例：联系成都市区和金堂县的绿道，全称为“川绿道 成都—金堂”，简称为“成都—金堂绿道”；联系乐山市市中区和眉山市所辖的青神县的绿道，全称为“川绿道 乐山—青神”，简称为“乐山—青神绿道”；联系凉山彝族自治州所辖的西昌市和冕宁县的绿道，全称为“川绿道 西昌—冕宁”，简称为“西昌—冕宁绿道”；联系德阳市所代管的广汉市和什邡市的绿道，全称为“川绿道 什邡—广汉”，简称为“什邡—广汉绿道”；联系自贡市所辖的贡井区和自流井区的绿道，全称为“川绿道 贡井—自流井”，简称为“贡井—自流井绿道”。

8.1.2 在上述城市以内建设的绿道（非“跨境”绿道），可参照8.1.2 条命名办法命名。本条“特殊命名需求的绿道”，其命名可结合景点景区名称或特色标志物名称命名,亦可向公众征集命名。

8.2 绿道编号规则

8.2.1 本条所用汉语拼音字母标识符“L”，为“绿道”的汉语拼音“l ǜ d à o”的第一个拼音字母的大写。其编号格式例如“L123”。

8.2.2 本条所指“独立编号序列”，是指两个城市之间的绿道，若有多条，其编号使用一套独立的序列系统，如成都市区至金堂县的“成都—金堂绿道”，若有多条，其编号按“成都—金堂绿道L1”“成都—金堂绿道 L2”……的顺序依次编排。

8.3 绿道里程编制规则

8.3.2 本条所用拉丁字母标识符“K”，为“千米”的英文“kilometer”的第一个字母的大写。阿拉伯数字编号为距离绿道起点的里程（以千米为单位）。里程编号格式例如“K123”。

8.3.3 本条所指的绿道里程计算的起点，应根据绿道的实际情况，在绿道上选择点位。同一命名和编号的绿道，其起点应确保唯一性。

8.3.4 本条所指的里程碑标识，应明确标注其隶属的绿道的命名、编号及里程。

9 低影响开发应用

9.0.1 绿道规划设计应尽量减小对基地原有水文特征的影响和干扰。川西北地区全年降雨量较少，水资源短缺，宜以雨水入渗、调蓄和利用为主。

9.0.2 绿道规划设计应结合海绵城市专项规划、绿地系统规划、防洪排涝规划、污水及再生水利用设施建设规划、城区排水（雨水）防涝综合规划等专项规划进行统筹考虑。绿道植被带、游径和驿站等应满足相应规划中的强制性和引导性指标要求。

9.0.3 是否采用透水铺装需结合当地的地质情况采取相应的设计措施，应有地勘报告等作为依据。例如在成都东部片区常有弱膨胀土地带出现，在此类区域则不建议采用透水铺装。在甘孜、阿坝、凉山地区等地质情况比较复杂的区域尤其需要注意。

9.0.4 在低影响开发雨水系统设计时，需要降低绿地标高。对于地形变化较大，可能造成陡坡塌方、滑坡灾害的地段不得采用雨水入渗系统。

9.0.5 在场地的原有或设计地形地貌的基础上，可构建绿道周边的小型湿地公园。在必须穿越原有冲沟等泄洪通道时，可采用架设桥梁或泄洪涵洞的方式。

9.0.6 预处理可采用沉淀池（井）、前置塘或潜流湿地等设施。